ÉTUDE EXPÉRIMENTALE ET CLINIQUE

SUR LES

NERFS PNEUMO-GASTRIQUES

PAR

Éloi RIU

DOCTEUR EN MÉDECINE DE LA FACULTÉ DE PARIS

Ex-interne de l'hôpital du Hâvre (1879-80).

PARIS

ALPHONSE DERENNE

52, Boulevard Saint-Michel, 52

1882

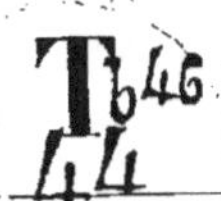

[illegible]

([illegible])

[illegible]

[illegible]

[illegible]
[illegible]
[illegible]

ÉTUDE EXPÉRIMENTALE ET CLINIQUE

SUR LES

NERFS PNEUMO-GASTRIQUES

PAR

Éloi RIU

DOCTEUR EN MÉDECINE DE LA FACULTÉ DE PARIS

Ex-interne de l'hôpital du Hâvre (1879-80).

PARIS

ALPHONSE DERENNE

52, Boulevard Saint-Michel, 52

1882

ÉTUDE EXPÉRIMENTALE ET CLINIQUE

SUR LES

NERFS PNEUMO-GASTRIQUES

INTRODUCTION

Pendant l'année d'internat que nous avons passée à l'hôpital du Havre, nous avons eu l'occasion d'expérimenter nous-même les observations faites par M. Peter sur la compression douloureuse des pneumo-gastriques. En poursuivant les recherches sur les affections thoraciques et abdominales, nous avons rencontré l'existence de cette douleur, d'une façon presque constante, lorsque les organes dans lesquels les pneumo-gastriques se distribuent se trouvaient intéressés.

Notre modeste travail se présente, pour ainsi dire, sous la forme d'une synthèse résumant les travaux modernes qui ont trait à la compression des pneumo-gastriques considérés dans leurs rapports avec les organes thoraciques et abdominaux. Nous y ajoutons quelques observations personnelles; mais nous n'avons pas la prétention de faire une monographie complète de la pathologie des pneumo-gastriques.

Riu   2

Quand une longue expérience clinique aura fourni des renseignements plus certains sur la modalité de la douleur éprouvée dans ces divers cas, peut-être sera-t-il possible d'utiliser ces indications pour le diagnostic.

Il est probable que tôt ou tard on sera amené ainsi à considérer la compression de ces nerfs comme un moyen d'exploration dans les lésions des organes thoraciques et abdominaux, précédant ou complétant les données fournies par l'auscultation et la percussion.

Nous devons ajouter que nos observations sont relatives au département respiratoire ; nous nous sommes inspiré surtout de la thèse de **M. Chauffard** sur les déterminations gastriques de la fièvre typhoïde pour ce qui concerne le pneumo-gastrique considéré dans sa portion abdominale. Quant aux manifestations cardiaques, nous n'avons pas pour but de nous en occuper ; nous les avons indiquées vaguement, réservant à d'autres plus compétents que nous, le soin de compléter les notions déjà acquises sur le rôle des pneumo-gastriques dans les affections cardiaques.

ANATOMIE

« Les nerfs de la dixième paire, nerfs pneumo-gastriques de Chaussiers, nerfs vagues des anciens, deuxième portion de la huitième paire de Willis, nerfs sympathiques moyens de Winslow, s'étendent du bulbe rachidien aux viscères du cou, de la poitrine et de l'abdomen.

« Ce simple énoncé, dit M. Sappey, laisse entrevoir toute l'importance du rôle qu'ils sont appelés à remplir. Parmi les divers cordons qui rayonnent du centre nerveux vers les appareils de la vie nutritive, il n'en est aucun, en effet, dont l'influence se répartisse sur une surface aussi large, aussi complexe, et dont l'intégrité se lie d'une manière plus essentielle au maintien de la vie. »

De son origine à sa terminaison, considérons avec M. Sappey cinq portions : une portion intra-crânienne et une portion dans le trou déchiré postérieur ou intra-pariétale que nous ne faisons que signaler pour mémoire, une portion cervicale sur laquelle nous reviendrons, car c'est à ce niveau que l'on pratique la compression, une portion thoracique et enfin une portion abdominale.

Les pneumo-gastriques dans leur portion cervicale reposent dans toute leur étendue sur les muscles prévertébraux. Ils sont en rapport en arrière avec les muscles grands droits antérieurs de la tête, long du cou et scalènes antérieurs ; à leurs côtés internes, avec les carotides internes : à leurs côtés externes, avec les jugulaires internes ;

et enfin, antérieurement avec le faisceau externe du sterno-
cleido-mastoïdien. Ils occupent l'espace angulaire inter-
cepté en arrière, d'un côté par la veine jugulaire interne,
de l'autre par les artères carotides internes et carotides pri-
mitives. Ils sont contenus dans la même gaîne que ces vaisseaux. Le grand sympathique est situé en arrière de la
veine.

Nous n'insisterons pas sur la disposition de la portion
thoracique ni sur la portion abdominale qui comme on sait
présentent des différences tranchées selon qu'on examine
ces nerfs à droite ou à gauche.

Distribution. — Les branches émanées du pneumo-
gastrique se distribuent :

1° Aux organes du cou :

    Le rameau pharyngien ;

    Le nerf laryngé supérieur ;

    Le nerf laryngé inférieur ;

2° Aux organes contenus dans la poitrine :

    Les rameaux cardiaques ;

    Les rameaux pulmonaires ;

    Les rameaux œsophagiens.

3° Aux organes de l'abdomen :

    A l'estomac ;

    Au foie ;

    Au plexus solaire.

COMPRESSION. — INFLAMMATION. — IRRITATION

Il y a fort longtemps que le nerf pneumo-gastrique est connu. Galien a expérimenté sur le pneumo-gastrique, dit Claude-Bernard, et il paraît même qu'avant Galien on l'avait disséqué ou *comprimé* sur l'animal vivant.

Mais la lumière, sur le rôle de ces nerfs, ne s'est réellement faite que depuis les travaux de Claude Bernard pour la physiologie, et surtout depuis les belles recherches de M. Peter pour ce qui concerne la pathologie.

Romberg, dans son *Traité des maladies du système nerveux* (1854), dans son chapitre consacré aux paralysies respiratoires, dit que les manifestations névralgiques, des ramifications des nerfs vagues ne sont pas rares ; et qu'elles se présentent sous forme de prurit. « Ces fourmillements, qui se produisent au voisinage de la trachée, provoquent la toux comme dans la bronchite. »

En 1864, M. Sottas, interne des hôpitaux, publie, dans les *Comptes-rendus de la Société des hôpitaux*, une observation de paralysie respiratoire par altération d'un des pneumo-gastriques. A l'autopsie du sujet de l'observation de M. Sottas, les ganglions forment au-devant de la racine du poumon gauche un vaste foyer purulent rempli de matières tuberculeuses au fond duquel baigne le nerf pneumo-gastrique gauche, littéralement disséqué par la suppuration. Le nerf pneumo-gastrique droit est malade aussi. Au point où il croise l'artère sous-clavière droite, on voit son diamètre s'accroître d'une façon progressive, puis le cordon nerveux se confond avec une tumeur du volume d'un marron située plus en arrière sur la partie latérale droite de la trachée.

L'examen microscopique fait par M. Laboulbène sur les nerfs pneumo-gastriques du sujet de cette observation donna les résultats suivants :

La portion du nerf pneumo-gastrique droit enveloppée par une tumeur à peu près du volume d'un marron, est composée d'éléments nerveux à l'état normal ; mais les tubes nerveux sont dissociés au milieu d'une épaisse couche de tissu cellulaire ou connectif. Plusieurs tubes sont vides de leur contenu, il ne reste plus que leur gaîne.

Les fragments du pneumo-gastrique gauche entouré par un foyer purulent sont à peine augmentés de volume. Après avoir été débarrassés de la matière jaunâtre périphérique, on trouve à un faible grossissement que les vaisseaux sont plus développés qu'à l'état normal ; à un fort grossissement, on peut voir que les tubes nerveux n'ont pas subi d'altération marquée dans leur intérieur, mais en plusieurs points le périnèvre est moins transparent et granuleux.

Ces faits sont de tous points conformes avec les conclusions de Cornil et Ranvier : « Les inflammations de longue durée et les néoplasmes à développement continu, ont sur les nerfs une action bien plus grande. La néo-formation cellulaire qui caractérise leur évolution, se poursuivant dans le tissu conjonctif péri-fasciculaire et entre les lames de la gaîne lamelleuse des faisceaux nerveux subi au dessous du point altéré une série de transformations que l'on observe dans le bout périphérique d'un nerf sectionné

Nous sommes ainsi amené à parler des néoplasmes qui se développent le plus fréquemment dans les poumons et des manifestations des pneumo-gastriques dans la tuberculose pulmonaire.

Et ici nous ne pouvons mieux faire que de citer le passage suivant que nous extrayons de la trente-septième leçon des cliniques de M. Peter.

« Mécaniquement en tant que corps étranger, les tubercules ne peuvent produire d'autre trouble fonctionnel que de la dyspnée, en raison proportionnelle de leur nombre et de leur volume, c'est-à-dire de la place qu'ils occupent et du rétrécissement qu'ils produisent dans la surface hématosante. Mais dynamiquement, les accidents qu'ils provoquent sont subordonnés à la susceptibilité, c'est-à-dire à l'irritabilité du parenchyme envahi ; or, cette irritabilité du parenchyme n'est autre que celle de ses nerfs, lesquels sont le grand sympathique et le pneumo-gastrique. Plus excitable donc sera le sympathique vasculaire du poumon et plus vite se fera l'hyperémie à l'entour et même au loin du tubercule (hyperémie, périphymique et paraphymique), avec ses conséquences possibles, l'hémorrhagie et la phlegmasie ; que si, de son côté, le pneumo-gastrique se cabre, alors son territoire fonctionnel pourra en être ébranlé tout entier : il y aura spasme dans le département laryngé : c'est la toux, qui peut-être incessante et analogue à celle de la coqueluche ; tandis qu'il y aura parésie dans le département cardiaque, d'où la fréquence excessive des battements du cœur ; d'où ces palpitations si pénibles aux tuberculeux qu'elles sont souvent le premier trouble pour lequel ils consultent ; il y aura enfin parésie ou spasme dans le département stomacal : d'où la dyspepsie, la flatulence, les vomissements par la toux, ainsi que dans la coqueluche. »

La toux, les palpitations cardiaques et les troubles gastriques, dyspepsies, gastralgie, vomissements dépendent de l'irritation du pneumo-gastrique.

Il n'est pas nécessaire en effet, qu'il existe un corps étranger, crachat ou autre, dans les voies respiratoires pour que la toux se produise : une irritation quelconque de l'appareil respiratoire peut la produire. Si la muqueuse laryngée est irritée, c'est par l'intermédiaire du nerf laryngé supérieur, branche du pneumo-gastrique, que se produira la toux.

Pour la trachée-artère et les bronches, le pneumo-gastrique est encore mis en jeu toutes les fois que ces organes sont affectés. De même, quand le poumon est atteint, les bronches s'irritent par propagation de l'inflammation. Ainsi partout, le pneumo-gastrique joue le rôle de nerf sensitif et la toux peut être considérée comme résultant de l'excitation de ces nerfs.

Si nous considérons avec M. Peter, que l'irritation de la plèvre se transmet pariétalement aux nerfs intercostaux et phréniques, et, viscéralement encore au pneumo-gastrique; si nous nous rappelons que l'irritation des nerfs intercostaux et phréniques fait souffrir mais ne fait pas tousser, nous sommes amené à rapporter à l'excitation des filets terminaux du nerf vague la toux chez les pleurétiques.

Il nous reste à signaler la toux qui a pour origine une excitation de la muqueuse gastrique et intestinale. Là enfin on trouve des filets du nerf vague et par analogie M. Peter conclut que la toux a pour origine l'excitation des filets de ce nerf.

Chez les tuberculeux il arrive fréquemment que la totalité du pneumo-gastrique est mise en branle par une série d'actions réflexes allant du pneumo-gastrique stomacal au bronchique et au cardiaque.

M. Peter a publié une observation dans laquelle cette intolérance du pneumo-gastrique dans ses trois départements fonctionnels est typique.

C'était une jeune fille de seize ans chez laquelle les deux pneumo-gastriques étaient douloureux spontanément et à la pression au niveau des scalènes ; le creux épigastrique était également très douloureux à la pression. Dès qu'elle avait mangé la douleur à l'estomac s'exaspérait ; elle était prise d'étouffements pouvant à peine parler et son cœur « battait comme un marteau. » Elle disait souffrir dans toute la région latérale du cou, des deux côtés ; mais elle indiquait du doigt, comme étant les points le plus spécialement douloureux précisément le trajet des deux pneumo-gastriques droit et gauche.

La fréquence du pouls était si bien de nature nerveuse et indépendante de toute fièvre ainsi que de toute élévation annexe de la température, que, le 17 octobre au matin, elle avait 120 pulsations, la peau fraîche, et 37°, seulement dans l'aisselle. Ou dans d'autres moments, le pouls étant également à 120, la température était de 39°,2. D'autres fois avec 116 pulsations elle avait également 39°,2, ou 38°,3, ou 38°,8 ; ou encore avec 112 ou 116 pulsations, la température était de 37°,5. Jamais le pouls n'a été inférieur à 112 ; après le repas, il montait facilement à 130.

Quelquefois dans le département respiratoire on observe de la paralysie et la paralysie porte sur le larynx. Tantôt c'est la corde vocale droite, tantôt c'est la gauche qui est paralysée. Elle se traduit par un trouble fonctionnel de la dysphonie et de la dyspnée et elle est due chez les malades atteints de tuberculisation pulmonaire à la compression ganglionnaire. Ces troubles fonctionnels des pneumo-gastriques sont accompagnés d'une certaine douleur que quelques malades accusent spontanément le long du cou. Cette douleur peut n'exister que d'un côté, ou bien elle est plus intense d'un côté que de l'autre ; et cette douleur est en rapport avec la prédominance des lésions pulmonaires de ce même côté, où le pneumogastrique est seul douloureux ou l'est à un plus haut degré.

Chez la plupart des malades cette douleur n'est pas spontanée, la pression seule en révèle l'existence ; il faut la chercher pour la trouver. Où et comment faut-il provoquer cette douleur ?

Le point du trajet des pneumo-gastriques où ils sont accessibles à la pression se trouve à la région cervicale. Les pneumo-gastriques ne sont accessibles seuls que sur un trajet de cinq à six centimètres commençant un peu au-dessous de l'apophyse mastoïde et finissant à l'intersection de l'omoplato-hyoïdien, c'est-à-dire à six ou sept centimètres en dessus de la clavicule. Le lieu d'élection pour la recherche de cette douleur des pneumo-gastriques, se trouve donc à la partie antéro-inférieure du cou, derrière le faisceau d'insertion sternale du sterno-cleïdo-mastoïdien. D'après ces données, avec la pulpe du pouce de la main droite pour explorer le côté gauche, avec la pulpe du pouce de la main gauche, pour explorer le côté droit, on recherche le bord externe de la carotide primitive, en tenant les autres doigts en opposition sur la région postérieure du cou, on sent sous l'artère un corps de forme tendineuse qui fuit sous une légère pression. Si on fixe ce corps tendineux sur la région antérieure de la colonne vertébrale, on fait naître une impression pénible, dont l'intensité douloureuse est variable, laquelle est due à l'action exercée sur le pneumogastrique.

Pour juger des différents degrés de sensibilité du pneumogastrique à l'état pathologique, nous avons fait la compression de ces nerfs chez des sujets qui nous paraissaient absolument sains. Toujours cette compression provoque une sensation pénible ; obligé de nous en rapporter aux interprétations des personnes sur lesquelles nous expérimentions, nous avons surtout choisi des collègues, nous tenons à les remercier ici de leur bienveillant témoignage.

Nous pouvons dire d'une façon générale que la sensation éprouvée à l'état normal peut être comparée à celle que donne le nerf médian quand on le comprime au poignet, mais avec une intensité plus grande. Nous devons ajouter que quelques expériences faites sur quelques femmes nous ont démontré que chez elles, même à l'état normal, cette sensation est plus pénible.

Nous avons déjà dit que les états pathologiques sont caractérisés par l'exaltation de l'impression physiologique normale.

Avant de parler des affections diverses dans lesquelles

cette douleur se manifeste, qu'il nous soit permis de rappeler une observation faite par *Malerba* en 1874 à l'hôpital militaire de Naples. Elle a été publiée dans le Morgagni. Le sujet clinique est un capitaine F. C. B. entré avec un abcès profond du cou du côté droit.

Le processus gangréneux s'étendant de plus en plus, avait produit une plaie qui s'étendait du bord supérieur du sternum et de la moitié interne de la clavicule en bas jusqu'à la région sus-hyoïdienne et mastoïdienne droite en haut.

On faisait des irrigations sur la région avec une solution de sulfate de soude en introduisant le bec d'une seringue sous le sterno-mastoïdien. A ce moment le malade demanda qu'on cessât l'opération ; il éprouvait, disait-il, un trouble indicible et une forte douleur à la région occipito-mastoïdienne droite.

Ce fait attira l'attention de Malerba et il lui vint à l'esprit que ce pouvait être le fait de l'irritation du nerf vague, qui, par la mortification du tissu qui constitue la gaîne du faisceau vasculo-nerveux du cou, pouvait être touché par l'eau envoyée par la seringue.

Le lendemain pendant que d'une main l'observateur faisait l'irrigation au même endroit, il tenait le pouls de l'autre main. Il constata d'abord le silence absolu de la radiale qui commençait à battre de nouveau et avec un peu plus de force qu'avant, après quelques secondes.

En répétant une deuxième fois l'irrigation, le pouls n'était pas interrompu, mais il se ralentissait.

Ce fait fut contrôlé à l'hôpital par M. Castelli et le Dr Piscopo.

Devant le professeur Albini appelé à constater le fait, il se reproduisait à chaque séance de pansement et toujours de la même façon ; les faits s'accompagnaient toujours d'une sensation d'engourdissement douloureux à la région mastoïdienne droite.

Le malade se plaignait souvent d'un excès de salivation ennuyeuse et persistante surtout pendant le pansement et un peu après. La déglutition était difficile surtout pour les aliments solides ; il était obligé pour déglutir de répéter les mouvements avec effort.

La digestion se faisait mal et de temps à autre survenait de la diarrhée et des douleurs dans les viscères.

Le malade vers les derniers jours de son existence respirait difficilement, le pharynx et le larynx étaient paralysés si bien qu'arriva l'aphonie absolue.

La nécropsie permit de voir au cou, sous le sterno-mastoïdien coupé, le faisceau vasculo-nerveux dépouillé de sa gaîne de tissu conjonctif et séparés entre eux, la veine en avant, le nerf au milieu et en dehors, l'artère en arrière et en dedans.

Le nerf vague était plus gros, infiltré d'un liquide sanguinolent ; il paraissait un peu flasque. En ouvrant la poitrine on put constater que l'abcès n'y avait pas pénétré. Les poumons étaient très pâles et emphysémateux.

En tenant compte des faits cliniques et nécroscopiques, Malerba conclut :

Certainement le nerf accessible au bec de la seringue et stimulé par la solution de sulfate de soude froide était le nerf vague droit.

Il en conclut également que ce nerf a des propriétés

sensitives à cause des faits observés sur les mouvements du cœur par l'irritation thermique, chimique ou mécanique du nerf vague. C'est pour lui un régulateur des mouvements du cœur.

Le ptyalisme démontre encore que l'irritation du vague au cou agit par voie réflexe sur les nerfs trophiques ou sécréteurs des glandes salivaires.

Nous devons ajouter que dans nos expérimentations cliniques nous n'avons jamais observé des faits qui nous permettent d'appuyer cette conclusion.

Malerba dit pour expliquer la douleur de la région mastoïdienne que c'était une action nerveuse excentrique : le vague irrité au cou produisait une excitation dans ces cellules où les filets nerveux du rameau auriculo-mastoïdien du nerf vague prennent leur origine et dont le patient rapportait l'excitation à la périphérie.

Les parésies des muscles pharyngiens et de là la difficulté de la déglutition doit être attribuée à l'altération des rameaux pharyngiens du pneumo-gastrique.

Les faits qui ont précédé la mort tels que la grande fréquence du pouls, la paralysie du pharynx et du larynx et de là l'aphonie peuvent être expliqués par la paralysie des rameaux cardiaques, pharyngiens et des nerfs récurrents branches du pneumo-gastrique.

A quelle cause faut-il attribuer les manifestations révélées par la compression du pneumo-gastrique? Ce que nous avons déjà dit nous permet d'affirmer qu'elles sont dues à un défaut d'irradiation du courant nerveux, il se produit un arrêt dans la transmission de la périphérie au centre. Il existe un obstacle au point où cette irradiation cesse, une paralysie occasionnée par un corps qui la comprime. Quel est ce corps? Si nous tenons compte des observations et des autopsies publiées par **M. Peter** et de celles qu'il nous a été donné de voir nous sommes autorisé à conclure que dans la plupart des cas les ganglions bronchiques hypertrophiés arrêtent le courant nerveux.

Hypertrophie des ganglions bronchiques. — Si on ajoute à cette compression l'inflammation, névrilémite de voisinage, névrite, et même d'organisation comme dans l'observation que nous avons citée plus haut, nous ne serons pas en peine pour expliquer cette douleur tantôt aiguë, tantôt sourde qui existait chez les malades que nous avons observés et chez lesquels cette douleur se manifestait spontanément quelquefois.

La compression des pneumo-gastriques par des tumeurs ganglionnaires a déjà été étudiée, soit par les auteurs qui ont traité des altérations des ganglions du médiastin, soit de la tuberculisation des ganglions bronchiques. Nous ne pouvons pas oublier une observation citée par Becker en 1826, dans laquelle le pneumo-gastrique gauche était déprimé par une tumeur ganglionnaire, et le droit adhérait intimement à une autre. La compression du pneumo-gastrique par des ganglions tuberculeux avait été déjà signalée par Wrisberg. — Ley, de Londres (1834), attribuait également à la compression du pneumo-gastrique la toux coqueluchoïde. Rilliet et Barthez dans leur étude sur la phthisie bronchique parlent longuement de ce caractère de la toux qui peut simuler l'asthme.

M. Baréty dans une thèse très-remarquable sur l'adénopathie tracnéo-bronchique (1874) faite sous les inspirations de M. Guéneau de Mussy, son maître, réunit vingt-six cas de compression ou d'adhérences des pneumo-gastriques avec des ganglions malades ; dans buit autres cas également publiés par M. Baréty, les nerfs phréniques étaient comprimés ou englobés dans la masse ganglionnaire.

Mais il est des cas où les troubles fonctionnels ont existé sans que le pneumo-gastrique fût comprimé du moins sur leur tronc. Mais pour que les troubles fonctionnels existent, il suffit que les rameaux et les ramuscules soient en rapport avec des masses morbides. C'est pourquoi chez certains tuberculeux où les ganglions bronchiques sont à peine engorgés mais où les troubles fonctionnels existent, on peut admettre que les tubercules agisent en irritant les expansions terminales des nerfs pneumo-gastriques comme les ganglions irritaient le tronc de ces mêmes nerfs.

Dans ce cas les troubles du début disparaissent quelquefois quand l'accoutumance à l'excitation périphérique s'est établie comme s'était produite l'acoutumance pour le tronc du pneumo-gastrique dans l'observation de Malerba que nous avons citée plus haut.

Nous avons trouvé dans la Gazette hebdomadaire de 1871 une observation de M. Guéneau de Mussy qu'il intitule : cas de phthisie latente.

C'était un homme dont les deux poumons étaient criblés de tubercules, et qui n'avait jamais eu ni toux ni fièvre, ni expectoration ; chez lequel l'auscultation n'avait pas révélé l'existence des altérations morbides révélées par l'autopsie.

« Comment expliquer la contradiction apparente entre les lésions et les symptômes ? dit M. Guéneau de Mussy.

Les seules manifestations qui pouvaient appeler l'attention sur l'état des organes thoraciques étaient de la pleu-
ralgie et une dyspnée légère.

Le poumon, ajoute-t-il, n'a pas senti le stimulus morbide
qui avait provoqué dans la plèvre un travail phlegmasique
pas plus qu'il n'a senti ces milliers de tubercules qui exis-
taient dans son parenchyme. Autour des granulations on
ne trouve ni inflammation chronique ni même congestion.
Les cellules pulmonaires sont restées saines et perméables
dans l'intervale des produits morbides. Ces conditions orga-
niques me paraissent expliquer suffisamment l'absence des
signes physiques.

Nous allons maintenant passer en revue les sensations
éprouvées dans les cas que nous avons eu l'occasion
d'étudier.

Nous n'avons pas cité un grand nombre d'observations ;
nous avons fait un choix de celles qui nous ont paru le plus
caractéristiques.

Laryngite, — Il faut une très grande habitude et se
rappeler bien exactement les rapports et la situation des
nerfs laryngés pour pouvoir obtenir un résultat.

On peut comprimer les laryngès supérieurs, au moment
où ils vont pénétrer dans le larynx, c'est-à-dire à 4 centimètres de l'échancrure médiane du cartilage thyroïde, ces
nerfs sont limités en avant, par le muscle thyro-hyoïdien ;
en arrière, par la membrane thyro-hyridienne, en haut par
l'os hyoïde, et en bas par le cartilage thyroïde. Les
laryngès inférieurs sont accessibles sur les parties latérales
de la trachée, entre elle et l'œsophage, au-dessous de la
glande tyroïde.

La compression éveille d'abord une douleur plus ou moins intense selon l'inflammation des parties auxquelles se distribuent ces nerfs ; la compression longtemps prolongée provoque une sensation de strangulation.

Cette douleur est légère, mais existe même en l'absence de l'inflammation de la muqueuse laryngée.

Bronchite. — Dans la bronchite simple, la sensation provoquée par la compression sur le pneumo-gastrique au lieu d'élection excite la toux et provoque une douleur plus ou moins intense à la région cervicale. Certains malades indiquent un sentiment de gêne, de pesanteur et de douleur sourde derrière le sternum. Si la bronchite est à l'état aiguë, il se produit par la compression des quintes de toux très fortes et prolongées. Ces symptômes disparaissent à mesure que l'inflammation se résout.

Asthme. — Le Dr A. Pinel dans sa thèse (1858), intitulée, recherches sur la pathogénie de l'asthme, considérée principalement au point de vue de ses rapports avec l'histoire physiologique des nerfs pneumo-gastriques, signale la douleur produite par la compression sur le trajet des pneumo-gastriques et leurs ramifications.

Nous avons eu l'occasion d'observer les effets de la compression sur notre collègue et excellent ami M. Burel qui avait jadis des accès d'asthme fréquents.

Au moment des accès la douleur est tellement vive que notre ami appréhendait ce mode d'exploration et nous repoussait la main. Des douleurs se manifestaient en même temps dans les régions mastoïdiennes sus-claviculaires et occipitales ; elles s'expliquent par les anastomoses du pneumo-gastrique avec le spinal, anastomoses qui se distribuent aux sterno-mastoïdiens, aux pectoraux, aux trapèzes et aux occipitaux. Quelquefois aussi le malade accusait une douleur vive au creux épigastrique.

Pneumonie. — Au moment où se manifestent le malaise, le frisson, l'embarras gastrique, quelques douleurs vagues dans la poitrine, un peu de toux et de l'oppression, la compression au lieu d'élection provoque de la douleur qui s'irradie dans le poumon ; le malade indique de la main des points où il éprouve une douleur vague, si on applique l'oreille sur les points indiqués on trouvera soit un affaiblissement du murmure vésiculaire soit même des râles sous-crépitants très fins.

Quand le point de côté existe, la compression à la région cervicale provoque quelquefois une douleur excessivement aiguë au niveau du point de côté, douleur que la malade désigne par l'expression de coup de canif.

Mais souvent la compression n'éveille pas de douleur appréciable.

Quand l'auscultation et la percussion révèlent le bruit de souffle, la crépitation et la submatité, le malade accuse encore une sensibilité plus grande qu'à l'état sain.

Lorsque l'on pratique la compression sur un sujet affecté de pneumonie en voie de résolution, quand les râles crépitants de retour sont manifestes, la sensibilité est à peu près la même que dans les cas de pneumonie au début, si bien qu'il semble que la sensibilité des pneumogastriques est d'autant plus forte que l'engorgement pulmonaire est plus complet.

Tuberculose. — Dans la tuberculose au début quand l'auscultation et la percussion n'offrent que des signes incertains, il est des cas où la compression provoquée à la région cervicale peut être un puissant auxilliaire, nous avons déjà vu que cette compression provoque une douleur très pénible, quelquefois de la toux, des palpitations cardiaques ; nous avons eu l'occasion d'obtenir également une sensation bizarre, difficile à définir, mais que certains malades intelligents traduisent en disant qu'elle semble produite par des piqûres d'épingles.

Chez les tuberculeux dont les lésions sont avancées, ces sensations de piqûres d'épingles ne se manifestent pas mais la douleur de la région cervicale est plus pénible et les malades redoutent les explorations quand ils y ont été déjà soumis.

Cette sensation de piqûres d'épingles nous paraît un symptôme qui n'a pas encore été signalé. Il se présente très fréquemment dans les cas de tuberculose au début, quand il n'existe que des signes douteux ; mais il faut ajouter aussi qu'il n'est pas constant. Peut-être trouverait-on l'explication de la non existence de ce symptôme dans les cas de phthisie latente publiés par M. Guéneau de Mussy et notamment dans celui que nous avons signalé dans le cours de notre travail. Tant que les tubercules restent dans les organes sans provoquer ni compression, ni inflammation, tous les symptômes font défaut et il n'y a pas de raison pour que le pneumo-gastrique excité soit douloureux, puisqu'il n'est comprimé ni directement par la présence des néoplasmes, ni par les ganglions bronchiques qui ne sont pas encore engorgés ; les pneumo-gastriques ne sont pas non plus irrités par propagation, puisque dans ces cas les tubercules ne provoquent pas d'inflammation dans les tissus où ils siègent.

PLEURÉSIE

Dans la pleurésie, la compression donne également de
la douleur dans le tronc du pneumogastrique du côté où
siège l'épanchement.

Après avoir passé en revue les différentes manifestations
provoquées par la compression des pneumogastriques, considérés dans ses rapports avec les voies respiratoires, nous
ne pouvons mieux faire pour compléter cette étude que de
résumer les faits et les conclusions de M. Chauffard dans
sa remarquable étude sur les déterminations gastriques de
la fièvre typhoïde. Ces conclusions sont absolument d'ac-
cord avec les faits que nous avons eu l'occasion d'observer
ainsi que le montrent les deux observations que nous pro-
duisons à l'appui de notre travail.

Depuis longtemps l'épigastralgie dans la fièvre typhoïde
a été observée. M. Chauffard en précise les caractères et le
siège.

La douleur, dit-il, est exactement limitée à un espace
triangulaire dont le sommet répond à l'appendice xyphoïde,
la base à une ligne transversale qui réunirait les extrémités
des neuvièmes côtes, les côtés aux rebords chondro-cos-
taux : quelquefois la douleur peut être spontanée, accusée
par le malade, et provoquée soit par l'injection des bois-
sons, soit par les mouvements, et surtout par la flexion du
tronc en avant.

Dans la majorité des cas, au contraire, la douleur

n'est perçue que si, avec l'extrémité des doigts ou déprime l'épigastre, et elle se montre tantôt légère et très supportable, tantôt assez pénible pour arracher une plainte, une contraction des traits, parfois des mouvements de défense, même chez les malades plongés dans cette torpeur profonde, dans ce demi-coma que l'on observe si fréquemment au cours des fièvres typhoïdes adynamiques.

Mais, quel que soit son degré, la douleur épigastrique conserve les mêmes caractères ; toujours elle est profonde, sourde, oppressive, dyspnéique, et parfois presque angoissante ; aussi est-elle dans les cas bien tranchés, plus pénible, plus difficile à supporter que la douleur iléo-cœcale.

Quoi qu'il en soit, la douleur épigastrique est en général un phénomène de début dans la fièvre typhoïde. Elle disparaît dans le cours ou à la fin du deuxième septenaire quand la maladie évolue régulièrement vers la guérison. M. Chauffard rattache cette douleur aux lésions de l'estomac. Quant à son point de départ, dit-il, elle est évidemment causée par une excitation anormale et douloureuse, soit spontanée, soit provoquée, des filets stomacaux des pneumogastriques, qui constituent à la fois les nerfs moteurs et sensitifs de l'estomac.

Chez les typhiques, la compression des pneumogastriques, au lieu d'élection à la région cervicale, éveille une douleur tantôt vive, tantôt modérée, mais toujours très pénible.

Elle diffère de la douleur éprouvée par les tuberculeux en ce qu'elle n'est jamais spontanée, la pression seule en révèle l'existence. Quant à son intensité, elle peut être égale pour les deux pneumo-gastriques, elle peut prédominer d'un côté plus que de l'autre et même ne se faire sentir bien franchement que d'un seul côté.

De même que pour les lésions pulmonaires, on explique ces différentes variétés en supposant que le côté où siège cette douleur cervicale correspond au maximum des lésions stomacales dans la sphère de distribution de l'un ou l'autre des nerfs pneumo-gastriques. On sait en effet que le ner gauche innerve la face antérieure de l'estomac ; si donc celle-ci est atteinte, le pneumo-gastrique gauche sera douloureux. Ce sera le pneumo-gastrique droit si les lésions prédominent sur la face postérieure, et si enfin la lésion est diffuse ou uniforme, les deux nerfs seront douloureux à la fois.

Cette douleur au cou ne se montre que lorsque la douleur épigastrique existe et semble n'être que l'extension de celle-ci. Elle n'existe jamais seule et disparaît au début de la convalescence avec la douleur du creux épigastrique.

Les lésions inflammatoires de l'estomac semblent avoir sur les filets du pneumo-gastrique la même action que nous avons signalée pour les lésions pulmonaires.

OBSERVATIONS

OBSERVATION I (personnelle)

Tuberculose.

L..., douanier, âgé de 22 ans, entré salle Saint-Michel le 2 février 1880.

L..., se plaint depuis longtemps d'un engorgement ganglionnaire siégeant à la région cervicale des deux côtés. Il perd de plus en plus l'appétit ; il s'affaiblit et maigrit beaucoup surtout depuis quelques mois.

Ce malade porte à la région cervicale du côté gauche une tumeur du volume d'un œuf de poule. Cette tumeur semble séparer le sterno-mastoïdien de ses rapports normaux et le distend considérablement. Les ganglions de la région cervicale des deux côtés sont tuméfiés aussi et leur volume varie.

Le malade ne tousse pas, mais il accuse de la dypsnée.

L'examen des organes thoraciques révèle de la rudesse respiratoire aux deux sommets et l'expiration est prolongée. Un bruit de souffle est manifeste au niveau du bord spinal de l'omoplate.

En cherchant à préciser les limites de la tumeur qui siège à la région cervicale, au moment où nous cherchons à imprimer à cette tumeur des mouvements latéraux, le malade accuse d'abord une forte douleur au niveau du ganglion et en plus une sensation désagréable au sommet du poumon gauche au niveau de la région sus et sous-claviculaire. Nous cherchons à lui faire préciser la nature de ces sensations il dit : douleur sourde d'abord et sensation de piqûres multiples.

Le 5 février, le malade a été pris de frisson et le soir le thermomètre accusait 39°,8. Le malade ne voulait pas parler ; il était blotti dans son lit, les deux mains appuyées sur le cou comme s'il avait voulu s'étrangler. Il respirait avec peine.

Dans la nuit du 6 février, le malade a été pris d'un accès de suffocation, et il est mort avant que l'interne de garde ait pu lui porter ses soins.

Autopsie. — Un vaste abcès s'était ouvert dans l'arrière-gorge. La trachée contenait une très grande quantité de pus provenant de cet abcès.

Le ganglion cervical qui formait la tumeur dans la région cervicale gauche contenait du pus au centre. Le nerf pneumogastrique semblait s'être creusé une loge dans le sens de sa longueur et adhérait fortement au ganglion. Les ganglions péri-bronchiques étaient hypertrophiés.

Les poumons étaient farcis de tubercules à divers degrés ; mais dont un très petit nombre étaient ramollis ou avaient suppuré.

OBSERVATION II (personnelle).

Tuberculose.

M.., 32 ans, coiffeur, entré le 12 avril 1880.

Ce malade tousse depuis quelques mois, il est fortement amaigri. Depuis deux mois environ il éprouve des douleurs sourdes dans la région lombaire.

Il éprouvait en même temps de petites douleurs dans la région abdominale. Le malade s'est décidé à entrer à l'hôpital parce que son ventre avait augmenté de volume, depuis quelques jours, et qu'il ne pouvait plus se tenir sur les jambes.

Son abdomen est très fortement tuméfié, on peut constater de la fluctuation et de la matité à la percussion. Dyspnée légère.

L'examen des organes thoraciques révèle un souffle d'anémie pour le cœur. Les bruits du cœur sont faibles.

La respiration est rude aux deux sommets. L'expiration est prolongée.

En comprimant le pneumo-gastrique à gauche et à droite, le malade accuse une douleur sourde dans la région cervicale et en plus une sensation que le malade rapporte à la périphérie. Il indique de la main que des deux côtés de la région thoracique sous la clavicule il éprouve comme des picotements. Puis il ajoute : « Il me semble que c'est à la peau et ce n'est pas à la peau, car je sens bien que c'est plus profond. »

Le 15 avril. — Une ponction abdominale donne issue à 6 litres de liquide.

Le 27 avril le liquide s'est reproduit très-rapidement et l'ascite provoque chez le malade une gêne telle qu'il réclame une ponction nouvelle avec instance. Il accuse en même temps un engourdissement du bras gauche.

1er Mai. — Le malade vomit tout ce qu'il prend, lait, vin, bouillon.

La compression des pneumogastriques détermine toujours les mêmes sensations.

5 mai. — Mort.

Le péritoine était couvert de granulations tuberculeuses. Les unes dures et du volume d'un grain de semoule, les autres ramollies et ulcérées.

Les anses intestinales fortement injectées de sang rouge sombre sont aussi le siège de granulations semblables.

Les poumons en contiennent également partout en très-grande quantité, surtout aux deux sommets. Les reins sont pâles, petits, surtout rein gauche. La surface corticale des deux reins contient quelque granulations.

Rate normale.

Foie granuleux.

OBSERVATION III (personnelle).

Tuberculose.

L..., âgée de 19 ans. Mal réglée. Pertes blanches. Teint pâle. Pommettes rouges, douleurs vagues dans la poitrine et surtout au niveau des régions sous et sus-clavières.

Tousse depuis un an.

A l'auscultation on trouve de la respiration prolongée et rude, à la percussion une légère matité aux deux sommets des poumons.

Bruit de souffle au cœur.

La compression des pneumogastriques à droite et à gauche donne une douleur dans la région cervicale et dans le sternum.

La sensation de piqûres d'épingles est nettement exprimée aux deux sommets et jusqu'à quatre à dix centimètres au-dessous des clavicules des deux côtés. Cette malade était venue à la consultation. Elle a emporté une ordonnance pour suivre un traitement. Elle n'a pas voulu entrer à l'hôpital. Nous ne l'avons plus revue.

OBSERVATION IV (personnelle)

Pneumonie.

M. est entré le 1er février à l'hôpital du Hâvre, salle Saint-Pierre n° 8.

La veille il avait eu un frisson intense et prolongé.

A son entrée le malade, âgé de 23 ans, est dans une demi prostration. Son visage est rouge avec un peu de pâleur sur les bords. Les ailes du nez sont dilatées. Point de côté à gauche. Le pouls est dur et fréquent, le thermomètre placé à l'aisselle indique 40°.

La langue présente un enduit saburral, elle est rouge sur les brdsoe.

L'examen des organes thoraciques permet de constater de l'exagéra-
ion des vibrations thoraciques à droite.

Matité à droite à la base, en arrière submatité dans la moitié supérieure.

Le murmure vésiculaire n'est pas entendu de ce côté droit. Dans la
moitié supérieure quelques rales humides.

A gauche respiration supplémentaire.

Le 3 février. — Le malade a vomi et accuse une céphalalgie
intense. Nous faisons la compression du pneumogastrique et au moment
où nous cherchons ce nerf derrière le sterno-mastoïdien le malade
accuse une douleur dans la région cervicale quand nous comprimons le
nerf en le laissant glisser sous la pulpe de notre doigt. Du côté droit
le malade, fait un mouvement de défense et dit « ah ! c'est comme un
coup de couteau, laissez-moi ». Le côté gauche est légèrement sen-
sible.

4 février. — Délire continu.

5 février mort.

Autopsie. — Tout le poumon droit est transformé en un bloc dur,
compacte. L'hépatisation semble moins complète dans la moitié supérieure, et le tiers supérieur présente seulement une congestion très-
intense.

Des ramifications bronchiques s'écoule un liquide grisâtre se rap-
prochant du pus.

Les ganglions bronchiques sont engorgés. Les organes autres ne
présentent rien d'intéressant.

OBSERVATION IV (personnelle).

Pleurésie.

R..., âgée de 40 ans, domestique, — constitution lymphatique —
se plaint de frissons, de fièvre, de toux sèche. Elle est malade depuis
deux jours, dit-elle.

L'examen de la poitrine donne de la matité à la percussion à la base du poumon gauche remontant à huit travers de doigts. Au-dessus crépitation évidente, bruit de souffle et égophonie.

La compression du pneumogastrique était plus douloureuse du côté gauche que du côté droit, mais il n'y avait pas d'irradiation dans le poumon.

Ce jour-là la température accusée était de 38°,5. Des circonstances particulières nous ont obligé à quitter le service pendant un mois, nous n'avons pas revu la malade et nous n'avons pas pu continuer l'observation. Nous sommes obligé de nous en rapporter à l'observation du premier jour.

OBSERVATION V (Personnelle).

Fièvre typhoïde. Douleur à l'épigastre et sur le trajet des pneumogastriques. Guérison.

Marguerite R... âgée de 22 ans, entre le 12 février 1880. Bonne constitution, n'a jamais été malade. Malade depuis dix ou douze jours ; elle a éprouvé d'abord une grande faiblesse dans les jambes et les bras ; elle était comme courbaturée ; la tête lui faisait mal ; elle ne sentait aucune envie de travailler ni de manger. Néanmoins elle ne gardait pas le lit.

Actuellement elle se plaint de céphalalgie et de diarrhée, elle a eu une épistaxis avant d'arriver, on peut en constater les traces.

Pas de stupeur. Physionomie intelligente. On peut constater du gargouillement et de là douleur dans la fosse illiaque droite. Quelques taches rosées.

La région épigastrique est douloureuse à la pression. La compression sur le pneumo-gastrique à la région cervicale provoque une douleur vive, la malade se plaint et nous repousse la main quand nous voulons recommencer l'exploration.

Traitement. — Cataplasmes sur le ventre, un verre d'eau de sedlitz le matin, limonade citrique, lait bouillon, lavement avec cinquante centigrammes de solution phéniquée au vingtième.

La température qui était de 39°,8 le soir de l'entrée descend au-dessous de 39° en cinq ou six jours.

La malade demande sa sortie le 8 mars, vingt-quatre jours après son entrée.

OBSERVATION VI (personnelle).

Fièvre typhoïde. — Vomissements répétés. — Douleurs à l'épigastre et sur le trajet des deux pneumogastriques. — Mort.

G..., âgé de 21 ans, entré le 14 mai 1880. Salle Saint-Michel. Hôpital du Hâvre.

G..., habite le Hâvre depuis deux ans et n'a jamais été malade. Il paraît robuste et bien constitué.

Il y a huit jours il a été pris d'une céphalalgie intense, il se sentait près de tomber. Inappétence ; il a eu deux épistaxis dans la journée du 13 mai. Il a vomi ce qu'il avait essayé de manger.

A son entrée ce qui frappe c'est la stupeur et l'adynamie, la céphalalgie est intense, la langue blanche. Le ventre est ballonné douloureux à la pression. On constate un gargouillement dans la fosse iliaque droite. L'auscultation révèle de la congestion pulmonaire.

La pression à l'épigastre est douloureuse. Au cou la compression des deux pneumogastriques est tellement douloureuse que le malade pousse une plainte et s'assied sur son lit avec une certaine expression de terreur.

Le 16 mai. — On constate des taches rosées sur le ventre. Délire. T. 39°,8. Soir 40°.

Le 17, 18, 19 mai. — Les symptômes s'aggravent, il survient des vomissements bilieux fréquents se répétant à chaque fois qu'on essaie de faire prendre quelque chose au malade. Mêmes sensations douloureuses au creux épigastrique et sur le trajet des pneumogastriques. La température se maintient entre 39° et 40°.

20 mai. — Le délire est à peu près continu, la congestion pul-

monaire est de plus en plus forte. Les pulsations cardiaques sont faibles.

21 mai. — Coma. Pouls petit et précipité. T. 41°.

G... est mort vers le quinzième jour de sa fièvre typhoïde.

Autopsie. — Ulcérations folliculeuses dans le cœcum et son appendice très abondantes. Dans la dernière portion de l'intestin grêle les plaques de Peyer sont tuméfiées, dures, avec un cercle rouge sur les bords. Quelques-unes sont ulcérées.

La muqueuse de l'estomac est grisâtre, mamelonnée, quelques plaques d'un rouge vif sont manifestes.

Congestion intense des deux poumons. La rate est un peu plus volumineuse qu'à l'état normal et diffluente.

Les reins sont congestionnés et flasques. Le foie présente également un peu de congestion.

CONCLUSIONS

En tenant compte des observations publiées par M. Peter, dans ses cliniques, des observations contenues dans la thèse de M. Chauffard, ainsi que de celles que nous apportons nous-même nous croyons pouvoir tirer les conclusions suivantes :

1° Toutes les fois que les organes dans lesquels se distribuent les nerfs pneumogastriques sont atteints de lésions inflammatoires plus ou moins profondes, la compression des nerfs pneumogastriques à la région cervicale révèle une douleur qui semble en rapport avec l'intensité de ces lésions ;

2° Ces manifestations sont surtout précises pour le département des voies respiratoires, bien que leur modalité ne soit pas encore suffisamment déterminée dans les divers cas pathologiques.

3° Ces manifestations sont également bien nettes pour les affections qui concernent le département gastrique ;

4° Il reste à observer plus spécialement celles qui intéressent la distribution des nerfs pneumogastriques à la région cardiaque.

5° La sensation des piqûres d'épingles aux sommets des poumons, révélée par la compression des nerfs pneumogastriques à la région cervicale, paraît être un symptôme de tuberculose ; souvent celui-ci existe quand la plupart des autres font défaut.

INDEX BIBLIOGRAPHIQUE

AUTEURS CITÉS

Barety. — De l'adénopathie trachéo-bronchique, thèse, 1874.

Cl. Bernard. — Leçons sur la physiologie et la pathologie du système nerveux.

Chauffard. A. — Étude sur les déterminations gastriques de la fièvre typhoïde.

Habershon. — British medical. Journal, 1876, n° 15, 22 avril, 6, 13, 27 mai, 3 juin.

Malerba. — Il Morgagni 1874. Irritations du pneumo-gastrique chez l'homme.

Odier. — Comptes-rendus de la Société de biologie, 1864. Compression du pneumo-gastrique par abcès du poumon.

Pinel. — Recherches sur la pathogénie de l'asthme. Thèse 1858.

Michel Peter. — Leçons de clinique médicale. Tomes I et II, 3ᵉ édition.

Romberg. — Traité des maladies du système nerveux, 1854.

Sappey. — Traité d'anatomie, 3ᵉ édition.

Sottas. — Société médicale des hôpitaux, 1864.

Imprimerie A. DERENNE, Mayenne. — Paris, boulevard Saint-Michel, 52.